AF629069

Sitzungsberichte
der Akademie der Wissenschaften
der DDR
Mathematik – Naturwissenschaften – Technik

6 N
1981

Genese und Inhaltsstoffe von Kohlen und Erdöl

AKADEMIE-VERLAG · BERLIN

Sitzungsberichte
der Akademie der Wissenschaften
der DDR
Mathematik – Naturwissenschaften – Technik

Jahrgang 1981 · Nr. 6/N

Genese und Inhaltsstoffe von Kohlen und Erdöl

AKADEMIE-VERLAG · BERLIN
1981

Vorträge des gemeinsamen Kolloquiums
der Klasse Chemie der Akademie der Wissenschaften
der DDR und des Präsidiums der URANIA
am 28. Februar 1980 anläßlich des
70. Geburtstages von Eberhard Leibnitz,
Ordentliches Mitglied der AdW der DDR

Herausgegeben im Auftrage
des Präsidenten der Akademie
der Wissenschaften der DDR
von Vizepräsident Prof. Dr. Heinrich Scheel

ISSN 0138-3956
Erschienen im Akademie-Verlag, 1080 Berlin, Leipziger Str. 3–4
© Akademie-Verlag, Berlin 1981
Lizenznummer: 202 · 100/71/81
Gesamtherstellung: VEB Druckhaus Köthen
Bestellnummer: 762 966 6 (2010/81/6/N) · LSV 1455
DDR 4,50 M

Inhalt

Lutz-G. Fleischer

Laudatio

Hochverehrter Eberhard Leibnitz!
Sehr verehrte Frau Leibnitz!
Liebe Genossinnen und Genossen!
Meine sehr verehrten Damen und Herren!

Eine feierliche Würdigung der Verdienste EBERHARD LEIBNITZ' kann wohl nicht darin bestehen, über möglichst lückenlose Lebensdaten den Lebensweg des zu Ehrenden nachzuzeichnen. Dies scheint mir vor dem hier versammelten Auditorium auch wenig angebracht, weil nicht wenige der Anwesenden ihn auf seinem Lebensweg ein Stück begleiteten und weil jüngste Publikationen in der Tages- und Fachpresse ein liebenswertes und viel umfassenderes Porträt von EBERHARD LEIBNITZ entworfen haben, teils sogar mit größter Akribie. So entnehme ich dem Beitrag von HANS-JOACHIM BITTRICH im Mitteilungsblatt der Chemischen Gesellschaft die für sich sprechende Information, daß bei EBERHARD LEIBNITZ im Zusammenhang mit wissenschaftlichen Qualifizierungsarbeiten 509 Namen registriert sind. Unter anderem wirkte er über 200mal als Doktorvater und bei 24 Kollegen als Förderer der Schritte zur nächsten wissenschaftlichen Qualifikation. Es ist zudem außerordentlich schwer, das Bild eines Wissenschaftlers, Lehrers und Forschers, auch nur skizzieren zu wollen, das mit sieben Jahrzehnten einer stürmischen gesellschaftlichen sowie mindestens fünf Dezennien engstens mit der natur- und technikwissenschaftlichen Entwicklung verbunden ist und dessen Facetten, – um einen Begriff des Jubilars aufzugreifen – so zahlreich und schillernd sind, daß man kaum entscheiden kann, welche zum Glanz des Erreichten entscheidend beigetragen haben.

Als Wissenschaftler, Wissenschaftspolitiker, Wissenschaftsorganisator, Lehrer und Erzieher hat EBERHARD LEIBNITZ weitsichtig, konsequent, nicht selten unbequem fragend und fordernd, einen bedeutsamen Anteil an der beachtlichen Bilanz unserer Republik.

Wenn – was zwar nicht üblich ist – über der Laudatio eine Überschrift stehen müßte, die das zu Sagende und den zu Ehrenden charakterisieren könnte, dann wäre die Triade „Wissenschaft, Universitas und Humanum“ wohl die treffendste. Kürzlich fand ich in dem historischen, wissenschaftlich-philosophischen Essay „Eine Philosopie für die UNESCO“ bemerkenswerte Einsichten zu eben jenem erstrebenswerten progressiven Verhältnis von Mensch und Wissenschaft. Sie sind zwar generalisierend formuliert, gelten aber sicher ohne Einschränkungen für den Einzelnen. Die Erkenntnisse entstammen der Feder des Zoologen JULIAN HUXLEY, des ersten Generalsektretärs der UNESCO. Sicher tragen sie alle Merkmale eines Essays, jenes Zwitters zwischen „leichter“ Philosophie und „schwerer“ Literatur: nicht auf letzte, genaueste Antworten aus, dennoch knappe, wesentliche und grundlegende Aussagen formulierend, die sich aus dem Beobachten, dem Erkennen und dem Versuch ergeben, resultierende Probleme zu bewältigen. HUXLEY schreibt: „Das menschliche Wesen ist, wenn man es losgelöst von der Gesellschaft zu sehen versucht, bedeutungslos; Bedeutung kommt ihm tatsächlich erst in Verbindung mit einer Gesellschaftsform zu. Seine Entwicklung wird durch die Gesellschaft, in die er geboren wurde, durch die gesellschaftliche Überlieferung, deren Erbe er ist, vorbestimmt, hängt von dem gesellschaftlichen Rahmen ab, dem sie zugute kommt oder durch den sie der Nachwelt überliefert wird.“

Auch EBERHARD LEIBNITZ' Wissen, Erkennen und Handeln wurde von den Bedingungen der Gesellschaft geformt, in die er hineingeboren wurde, aber geprägt wurde sie von jenen Humanisten – Literaten, Künstlern und Wissenschaftlern, als deren Erbe er sich versteht und zu erkennen gibt. Sein Denken und Handeln wird getragen von den gesellschaftlichen Ideen und dem gesellschaftlichen Rahmen, dem sie noch heute zugute kommen. Erst vor wenigen Monaten hat sich EBERHARD LEIBNITZ – wie schon häufig vordem – diesmal in seiner Eigenschaft als Präsident der URANIA, dazu in einem vielbeachteten Vortrag geäußert und festgestellt: „Über die Hälfte meines wissenschaftlichen Lebens ist untrennbar mit der DDR und mit ihrer Entwicklung verbunden. Hineingeboren in das Wilhelminische Kaiserreich, aufgewachsen und ausgebildet in der Zeit der Weimarer Republik, im faschistischen Deutschland aus dem Dienst an der Technischen Hochschule Berlin-Charlottenburg entlassen, in verschiedenen Funktionen an der Lehre und Forschung in der DDR beteiligt, sind mir drei Gesellschaftsformen aus persönlichem Erleben so gut bekannt, daß begründete Vergleiche möglich sind. Zugegeben: vieles war in den drei Jahrzehnten DDR nicht leicht. Aber wo und wann hat die Wissenschaft, außer in der sozialistischen Gesellschaft, derart große Probleme gelöst, unter welchen Bedingungen gleichzeitig eine solche Würdigung und Förderung erfahren, wie unter den Bedingungen des Sozialismus, einer Gesellschaft, die notwendigerweise der wissenschaftlichen Leitung und der wissenschaftlichen Betrachtung aller zu lösenden Aufgaben bedarf?“

1928 bis 1932 studierte EBERHARD LEIBNITZ an der Technischen Hochschule Berlin-Charlottenburg. Es ist wohl nicht zu kühn zu sagen, daß er dort vieles von dem ererbte, was er heute besitzt und gerne weitergibt. Seine Lehrer waren HERTZ, HOFMANN, VOLMER, TERRES und MIETH. Ihn begeisterten aber auch Vorlesungen von BODENSTEIN, NERNST, PLANCK und EINSTEIN. Sicher empfing er nicht nur Anregungen, die das fachspezifische Wissen und Denken berühren und formten, sondern übernahm gleichfalls deren humanistische Einsichten und gründete das eigene Handeln darauf. Da gilt auch für sein unermüdliches Engagement, theoretisch tiefgründig und lebensnah breitesten Kreisen der Bevölkerung solche grundlegenden Erkenntnisse der Gesellschafts-, Natur- und Technikwissenschaften nahezubringen, die Einblick in wissenschaftliche Methoden und Denkweisen gewähren, die die Freude am Erkennen fördern, weltanschauliche Einsichten ermöglichen und volkswirtschaftliche Aktivitäten zu unterstützen gestatten. ALBERT EINSTEIN hat eben diese Notwendigkeit sehr treffend ausgedrückt und wie viele humanistische Wissenschaftler um ihn und nach ihm danach gehandelt: „Eine Beschränkung der wissenschaftlichen Erkenntnisse auf eine kleine Gruppe von Menschen schwächt den philosophischen Geist eines Volkes und führt zu dessen geistiger Verarmung“. Diese von EINSTEIN formulierte Erkenntnis orientierte das erfolgreiche Wirken von EBERHARD LEIBNITZ als eines Mittlers zwischen Wissenschaft und Volk – eines hervorragenden Wissenschaftlers des Volkes – aber nicht erst seit dem Jahre 1971, als er auf dem V. Kongreß der URANIA zu deren Präsidenten gewählt wurde. Schon weit vorher galten seine Bemühungen einer hohen Qualität und Wirksamkeit beim Weitergeben und produktiven Nutzen wissenschaftlicher Erkenntnisse. Er erkannte aufgrund ureigenster gesellschaftlicher Erfahrungen recht schnell, daß die Wissenschaft ihre bestmöglichen Fortschritte in Forschung und Praxis solange nicht machen kann, als bestimmte gesellschaftliche Bedingungen und Unwissenheit einem Allgemeinverständnis von Wissenschaft Schranken setzen, solange die Wissenschaft Gegenstand elitärer Beschäftigung bleibt und ihre Ergebnisse, wie im selbsterlebten Kapitalismus, vorzugsweise den Wenigen nutzen und nicht selten gegen die Mehrheit verwandt werden. Wenn die Wissenschaft ihrem über Jahrhunderte angestrebten wesenseigenen humanistischen Charakter gerecht werden will, schließt das ein, daß sie sich nicht vorrangig als ein besonderes Gebiet der gesellschaftlichen Arbeitsteilung versteht, nur von einer bestimmten sozialen Schicht wahrgenommen wird und auf sie beschränkt bleibt. Die Wissenschaft muß vielmehr ihre Probleme und Ergebnisse allen progressiven gesellschaftlichen Kräften offenlegen und ihrem gesellschaftlichen Anliegen entsprechend, die werktätigen Massen als aktive Verbündete gewinnen. Das macht sie, die heute in manchen Köpfen und bestimmten Teilen der Welt nicht Unumstrittene, überschaubarer und produktiver.

Zur Eröffnung der Buchmesse 1977 wandte sich EBERHARD LEIBNITZ gleichzeitig bekennend und fordernd an ein internationales Publikum mit den Worten:

„Auch der Gelehrte, der hochgradig ausgebildete Wissenschaftler, der sich dieser Tätigkeit als Mittler zwischen Wissenschaft einerseits und der Gesellschaft als Ganzes andererseits widmet, hat in der Regel einen persönlichen Gewinn für seine eigene Arbeit zu verzeichnen. Gar nicht selten wird er die Erfahrung gewinnen, daß es besonders schwierig ist, den essentiellen Inhalt des abzuhandelnden Gebietes herauszukristallisieren. Oft wird er dabei zur Einsicht gelangen, daß noch wesentliche Teile der notwendigen Erkenntnis fehlen, die nicht bearbeitet wurden, weil Teilfragen zunächst das gesamte Interesse in Anspruch nahmen..." „Wir können Büchern solcher Art nur dann gerecht werden, wenn wir sie als zusätzliche wissenschaftliche Leistung neben dem Fachbuch anerkennen und würdigen. Sie verlangen von ihren Verfassern nicht nur eine wirklich in die Tiefe gehende Kenntnis des Gebietes..., sondern auch Abstand vom Stoff, um wirklich wesentliche Erkenntnisse in das Ihnen gebührende Licht zu rücken. Bücher solcher Art sind echte Neuschöpfungen, aber naturgemäß in der Kategorie der wissenschaftlichen Publikationen, ‚Sekundärliteratur'..." „Kein Gelehrter von Rang und Namen hat über diesen Zweig der Literatur ein Anathema ausgesprochen, wenn sie auch nur angenähert den von ihm gegebenen Kriterien entsprach. Aber keineswegs ist jedem Gelehrten die Gabe einer Befähigung zu solcher Umsetzung zuteil geworden."

Eberhard Leibnitz ist sie in hohem Maße zuteil geworden und wie bei manchem Gelehrten, auch hervorragenden Chemikern wie Justus von Liebig, sind bei ihm die Grenzen zwischen fachwissenschaftlicher Darstellung und populärwissenschaftlichem Duktus fließend. Sein phänomenales Gedächtnis und die brillante Ausdrucksweise, lassen jede seiner, von den Werktätigen, den Fachkollegen, der Presse, dem Rundfunk und Fernsehen außerordentlich gefragten verbalen aber auch schriftlichen Meinungsäußerungen zu einem Erlebnis werden, gleich, ob er sich eingegrenzteren wissenschaftlichen Problemen förderungswürdiger chemischer Spezialgebiete oder weltanschaulich bedeutsamen Fragestellungen, wie dem Grundverständnis für die Funktion der Wissenschaft in der gesellschaftlichen Entwicklung zuwendet. Mir scheint, daß Schillers „Spruch des Konfuzius" eine Art Maxime für den zu „Lobenden" darstellt. In der dritten Strophe dieses Gedichtes heißt es:

„Mußt ins Breite dich entfalten,
soll sich dir die Welt gestalten,
in die Tiefe mußt du steigen,
soll sich dir das Wesen zeigen.
Nur Beharrung führt zum Ziel,
nur die Fülle führt zur Klarheit
und im Abgrund wohnt die Wahrheit."

Eberhard Leibnitz hat sich in seinem intensiven Bemühen um wissenschaftliche Erkenntnisse über chemische und technologische Sachverhalte stets davon leiten lassen, daß das Besondere und Einzelne häufig nur verstanden werden können, wenn das Allgemeine, vor allem die Ableitung aus und die Einordnung in gesellschaftliche Zusammenhänge und Entwicklungslinien hinreichend klar sind. Das scheint auch die Ursache dafür zu sein, daß die wissenschaftlichen Interessen- und Arbeitsgebiete des Jubilars stets jene waren, die aus wissenschaftlicher und technischer Sicht perspektivisch und profilbestimmend für die Entwicklung der Chemie und der chemischen Industrie waren. Das betrifft die Carbochemie, die Petrolchemie, den Korrosionsschutz, die Anstrichtechnologien und die Lackherstellung ebenso wie die makromolekulare Chemie, die chemische Technologie und die Biotechnik. Ohne der Verführung zu unterliegen, die Interessengebiete EBERHARD LEIBNITZ' mit der technologischen Entwicklung in der chemischen Industrie vergleichend buchhalterisch aufzulisten, sei dennoch auf die unübersehbaren Parallelen hingewiesen.

1932 legte EBERHARD LEIBNITZ seine von E. TERRES betreute Diplomarbeit über „Probleme der Entstehung der fossilen Brennstoffe" vor und schon 1933 konnte er – als Assistent tätig – die Dissertation mit dem Thema „Zur Entstehung der fossilen Brennstoffe, Beitrag zur Bildung von Braun- und Steinkohlen mit Anhalten für die Erdölbildung" verteidigen. Die Medaille für ausgezeichnete Leistungen der Technischen Hochschule Charlottenburg, die ihm übergeben wurde, drückt neben dem Prädikat „Mit Auszeichnung" die hohe wissenschaftliche Wertschätzung für den Doktor-Ingenieur aus. Die Oberassistenz sowie die Arbeit als Privatdozent bei Professor UBBELOHDE erscheinen nur als logische Konsequenz des Testierten. Zahlreiche wissenschaftliche Arbeiten auf dem Gebiet der Kunstharze, Kunstfasern und der Mineralöle datierten aus jener Zeit und gipfelten in der 1937 abgeschlossenen Habilitationsarbeit „Über die Crackfähigkeit von Schmierölen".

Leider gilt auch für jene Zeit, daß die Entwicklung des Einzelnen vom gesellschaftlichen Rahmen abhängt. Nicht wenige Deutsche mußten nach 1933 emigrieren, wurden gemaßregelt oder verfolgt und manche wertvolle wissenschaftliche Arbeit mußte jäh beendet oder zumindest unterbrochen werden.

Auch gegen Professor UBBELOHDE und EBERHARD LEIBNITZ wurde ein Disziplinarverfahren angestrengt, das mit der Ausweisung von der Technischen Hochschule endete. Im Lebenslauf EBERHARD LEIBNITZ' heißt es dazu: „1937 wurde ich aus der Technischen Hochschule und ihren Arbeitsräumen verwiesen, da mir glaubhaft nachgewiesen werden konnte, daß mein Großvater väterlicherseits gemäß den damaligen Rassengesetzen Nichtarier war." Nicht nur die erfolgreiche Hochschullaufbahn wurde damit unterbrochen, leider ging in den Wirren des Krieges mit mehrmals ausgebombten Wohnungen die abgeschlossene Habilitationsschrift verloren.

Mit kaum beschreibbarer Aktivität und einem gesunden Optimismus und großem Ideenreichtum war EBERHARD LEIBNITZ maßgeblich daran beteiligt, nach der Zerschlagung des Faschismus das Neue ideell sowie materiell aufzubauen und zu konsolidieren. Sich an die Seite der Arbeiterklasse stellend und sofort in ihre Partei einreihend, galt sein Denken und Mühen der Produktion, der Forschung und Lehre. Fast immer waren es Schaltstellen und Brennpunkte der Entwicklung, an die EBERHARD LEIBNITZ gerufen wurde: Als Professor für technische Chemie an der Karl-Marx-Universität, daneben als Rektor der

Technischen Hochschule „Carl Schorlemmer", deren unkonventionelles und zukunftsträchtiges Antlitz er maßgeblich projektierte und mitprägte, als Leiter des Forschungskomplexes Leipzig der Akademie, als Institutsdirektor, als Leiter des Forschungsbereiches Chemie der Akademie. In jeder der Funktionen leistete er mit schier unerschöpflichen Ideen, Kräften und mit Optimismus Hervorragendes. HERMANN KLARE erinnert in seiner Laudatio zum 65. Geburtstag an jene Zeit mit den Worten: „... daß Sie mir in jenen Jahren einmal den fast völlig zerstörten Hauptbau des Institutes in der Permoserstraße zeigten und mir mit strahlendem Optimismus und in glühenden Farben schilderten, was dort in Kürze geforscht werden sollte. Uns tropfte derweil der Regen auf den Hut, da im wesentlichen nur Wände standen, aber kein Dach vorhanden war. Wir haben uns dann in Leipzig noch manches liebe Mal getroffen, und wenn ich so zurückblicke, dann haben sie sich eines erhalten, den Optimismus und den unerschütterlichen Glauben an unsere Aufgabe und an ihr Gelingen in dem sozialistischen Staat, den Sie, den wir mit vielen Tausenden anderen unter der Führung der Partei der Arbeiterklasse aufgebaut (haben) und mitgestalten konnten..."

1952 äußerte sich HEINRICH FRANK über EBERHARD LEIBNITZ: „Er ist einer der lebendigsten, aktivsten und interessantesten Chemiker, die mir in meinem Leben begegnet sind und hat besonders auf dem technologischen Gebiet ein großes Wissen." Die in den Jahrzehnten wissenschaftlichen Wirkens entstandenen umfänglichen Bände der Publikationen sind tatsächlich nicht nur für die Chemiker eine Fundgrube, die erneut ihre wissenschaftlichen Aktivitäten intensiv auf die Kohle richten, sondern auch für jene, die sich der chemischen und biologischen Technologie sowie den Verfahrenstechniken zugewandt haben.

EBERHARD LEIBNITZ hat immer wieder betont und faktenreich belegt, daß der Gestaltung hochproduktiver Technologien, ihrer konstituierenden Prozesse und der Erweiterung der notwendigen wissenschaftlichen Grundlagen ein erstrangiger Platz in der wissenschaftlichen und gesellschaftlichen Entwicklung gebührt. Dem liegt die Erkenntnis zugrunde, daß die Wirtschaft der Bereich des gesellschaftlichen Lebens ist, in dem die praktische Wirksamkeit fast aller Wissenschaftsgebiete am deutlichsten hervortritt. Hier muß sich einerseits die Wissenschaft bewähren und andererseits die Gesellschaft beweisen, daß sie und wie sie Resultate der fortgeschrittenen Wissenschaft nutzt. Wirksame Initiativen setzen immer sowohl tiefere Einsichten in gesellschaftliche Strukturen, Gesetzmäßigkeiten und Wirkmechanismen als auch solide natur- und technikwissenschaftliche Fähigkeiten und Fertigkeiten gleichermaßen voraus. Das gilt uneingeschränkt für die rasche und effektive Überführung wissenschaftlicher Ergebnisse in die Produktion, einer Aufgabe, der sich EBERHARD LEIBNITZ ebenso verpflichtet fühlte, wie dem Bestimmen von Entwicklungslinien, Rängen und Zeitfolgen der wissenschaftlichen Bearbeitung. Trotz oder wegen der wachsenden Petrol-Euphorie machte er 1964 in einem Vortrag vor der Akademie der Wissenschaften nachdrücklich mit allem Ernst auf notwendige Forschungen zur effektiveren Nutzung des fossilen Kohlenstoffs aufmerksam, wohlgemerkt: ohne die petrolchemische Erzeugung organischer Grundstoffe auch nur geringfügig zu unterschätzen. Wir lesen: Es liegt ... „bald die Frage nahe, ob es nicht wesentlich direktere Übergänge von der Steinkohle zur Chemiewirtschaft gibt, als die heutigen Möglichkeiten über Verkokung und Teer und Gasnutzung sie schon eröffnet haben ..., weil die Zeit der umfassenden Nutzung des Erdöls gerade besonders geeignet erscheint, um Vorarbeiten *für eine sich daran anschließende umfassende Nutzung* der Steinkohle als Chemiebasis durchzuführen."

Worte, die auch in unserer Gegenwart für die Zukunft formuliert sein könnten. Ebenso klar vorausschauend erkannte EBERHARD LEIBNITZ die Entwicklungserfordernisse auf den Gebieten der chemischen Toxikologie, die Möglichkeiten der biochemischen Verfahrenstechnik sowie die Notwendigkeiten des Aufbaus einer nationalen Kernforschung und Kerntechnik.

Diese Gebiete führe ich an, um zweifelsfrei zu belegen, daß es sich bei der geschilderten Weitsicht, dem fördernden Verständnis bis hin zu den wissenschaftsorganisatorischen Folgerungen nicht um „zufällige Treffer" handelte.

Der Gründer der Akademie, GOTTFRIED WILHELM LEIBNIZ, forderte in seiner Denkschrift an die Einrichtung einer Societas Scientiarum et Artium vom 24. März 1700: „Solche Societät müßte nicht auf bloße Curiosität oder Wissensbegierde und unfruchtbare Experimente gerichtete seyn, oder bey der bloßen Erfindung nützlicher Dinge ohne Application und Anbringung beruhen; wie etwa zu Paris, London und Florene geschehen...; sondern man müßte gleich Anfangs das Werck samt der Wissenschaft auf den Nutzen richten... Wäre demnach der Zweck theoriam cum praxi zu vereinigen, und nicht allein die Künste und die Wissenschaft, sondern auch Land und Leute, Feldbau, Manufacturen und Commercien, und, mit einem Wort, die Nahrungsmittel zu verbessern."

Also – wie wir es heute ausdrücken und anstreben: die Wissenschaft produktiver zu machen und dazu beizutragen, „die Mühseligkeit der menschlichen Existenz zu erleichtern".

Für EBERHARD LEIBNITZ war die wissenschaftliche Arbeit stets in diesem Sinne orientiert, also nicht zuletzt eine politische Handlung, denn sie zielte auf Veränderung, nahm nicht selten an Staatsangelegenheiten teil und setzte wissenschaftliche Erkenntnisse, den ökonomischen und gesellschaftlichen Fortschritt bedienend, in wirksame, menschendienliche Qualitäten um.

Sein politisches Engagement und sein internationales Ansehen führten ihn zur Pugwash-Bewegung, in der er mit bedeutenden Gelehrten aus aller Welt für die umfassende Nutzung der Wissenschaft zum Wohle der Völker wirkt, wobei er unseren Staat und unsere humanistischen Ideale repräsentiert, weil sie die seinen sind, und in manch schwieriger politischer Situation überzeugend argumentierend sachdienliche Wege wies und Vertrauen bildete.

Der heutige Vizepräsident der Akademie der Wissenschaften, HERMANN KLARE, hat in seinem 1974 publizierten Artikel „Wer sich Wissenschaftler nennen will" trefflich geäußert: „Den Namen Wissenschaftler erwerben und zu Recht tragen, kann nur, wer sich bemüht, die wissenschaftlichen Aufgaben, die wir gerade bearbeiten und jene, die die Zukunft uns stellen wird, mit Geschick, Ausdauer und Sorgfalt so anzugehen, daß ihre Lösung gelingt und diese Lösung dem Wohl unserer Gesellschaft dient." EBERHARD LEIBNITZ hat eben dies im Interesse nicht nur unseres Volkes, redlich und intensiv vorgelebt und trägt auch daher den Ehrentitel „Hervorragender Wissenschaftler des Volkes".

Möge ihm, dem Humanisten und Enzyklopäden, für das weitere verantwortungsvolle Wirken beste Gesundheit, Ideenreichtum und Schaffenskraft im Dienste der Wissenschaft und zum Wohle der sozialistischen Gesellschaft beschieden sein.

Unsere herzlichen Wünsche begleiten Dich.

W. Kisielow

Die Hydrierungsreaktion in der Metamorphose des Erdöls

Das faszinierende Problem der Erdölgenese absorbiert seit beinahe hundert Jahren die Geister vieler bedeutender Chemiker und Geologen. Noch vor kurzem wurden temperamentvolle Diskussionen zwischen den Anhängern der organischen und anorganischen Erdölgenese geführt. Den damaligen Wissensstand über dieses Problem charakterisiert das bekannte Bonmot: „So lange die Welt existieren wird, solange wird der Streit zwischen den Anhängern der kontroversen Ansichten über die Genese des Erdöls bestehen". Obwohl dieser Streit bisher nicht erloschen ist, sind die Anhänger der organischen Erdölgenese in der Überzahl und heute haben wir ausreichend überzeugende Beweise dafür, daß die Ursubstanz der meisten Kohlenstoffansammlungen, die in Form von Erdöl vorkommen, begrabene Reste von Lebewesen, hauptsächlich pflanzlicher Herkunft, waren. Die Entdeckung von A. Treibs im Jahre 1933, daß die Erdöle Porphyrine enthalten, hat der Entwicklung der Erdölgeochemie den Anstoß gegeben. Deren Erfolge in der Nachkriegszeit haben weitere unwiderlegbare Beweise für die organische Erdölgenese geliefert, so durch Entdeckung der Anwesenheit zahlreicher Verbindungen mit einer chemischen Struktur in Erdölen, die für die ersten Abbauprodukte der pflanzlichen und tierischen Materie charakteristisch ist. Zu den wichtigsten dieser Verbindungen, die man als Biomerkmale [biologische Indikatoren] oder Reliktsubstanz bezeichnet, gehören vor allem die isoprenoidartigen isoparaffinischen Kohlenwasserstoffe C_{19}–C_{20} [Pristan, Phytan], die tetrazyklischen – [Sterane C_{27}–C_{29}] und pentazyklischen Naphthene [Terpane, Triterpane und vor allem Hopane C_{27}–C_{31}], deren biologische Vorgänger die natürlichen Steroide und Triterpenoide sind.

Anhand der modernen Forschungsleistungen der organischen Geochemie kann angenommen werden, daß im Diageneseprozeß die chemische Zusammensetzung der begrabenen Reste der organischen Welt sich vereinheitlicht und an Wasserstoff anreichert infolge der Verluste an Heteroatomen, vor allem des Sauerstoffes in Form von CO_2, was zur Entstehung des Ur-Erdöls führt. Bisher fehlt es an Übereinstimmung der Meinungen der Umwandlung in ein Gemisch flüssiger Kohlenwasserstoffe. Unter den Geochemikern überwiegt die Ansicht, daß es Reduktionsprozesse sind und daß die Metamorphose der Erdöle in Richtung von naphthenischen zu paraffinischen Erdölen verläuft. Es fehlt auch nicht an ganz entgegengesetzten Hypothesen. Zum Beispiel Uspienski ist der Meinung, daß die Ur-Erdöle paraffinischen Charakter haben und unter dem Einfluß von Oxydationsmitteln, Verwitterung, Tätigkeit von Mikroorganismen in naphthenische Erdöle umgewandelt werden. Pietrow hat eine Hypothese vorgeschlagen, in der er beide Richtungen der Umwandlung des Ur-Erdöls annimmt: den evolutions-reduktions und den involutions-oxydations Umwandlungsgang in Abhängigkeit von äußeren Bedingungen der Erdölmetamorphose. Man kann annehmen, daß aus thermodynamischen Gründen die Anreicherung an Wasserstoff die überwiegende Richtung in der Metamorphose der Erdöle ist. Gegenwärtig ist diese Auffassung in der organischen Geochemie beherrschend.

Wenn man die Hydrierungsreaktion als Grundlage der Erdölmetamorphose annimmt, kann man beim gegenwärtigen Stand der geochemischen Kenntnisse die Wasserstoffquelle nicht bestimmen. Nach Dobrianski [1], einer der Pioniere der Erdölgeochemie, verläuft die Hydrierung ohne Mitwirkung von Wasserstoff von außen, sondern sie erfolgt durch Disproportionierung zwischen den Gruppenbestandteilen der naphthenischen Erdöle.

Zum Beispiel könnten große naphthenisch aromatische Moleküle in kleinere paraffinisch-naphthenische und aromatische Moleküle zerfallen. Dabei bleibt der gesamte Gehalt von Kohlenstoff und Wasserstoff unverändert, denn die Menge des Wasserstoffs, die zur Bildung der gesättigten Moleküle nötig ist, ist gleich der Wasserstoffmenge, die bei der Bildung der wasserstoffarmen aromatischen Moleküle entsteht. Bisher fehlen jedoch experimentelle Beweise dafür, daß so eine Umwandlung im geschlossenen System der Erdölkohlenwasserstoffe möglich ist. Im Gegensatz zu Dobrianski nehmen andere Forscher die Möglichkeit der Hydrierung des Ur-Erdöls mit Wasserstoff in Anspruch. Die Hypothese der Hydrierung des Erdöls wurde von Pratt aufgestellt.

Eine Reihe von Autoren nehmen als Wasserstoffquelle das Wasser an (Tab. 1). Stadnikov hat eine Reaktion der Metallkarbide mit Wasser vorausgesetzt, Berl die Reaktion des Wassers mit zweiwertigen Eisenverbindungen, Haseman hat die Möglichkeit der Aktivierung der Wasserstoffionen in Salzlösungen durch floridaerdeartige Silikate zugelassen. Andere Hydrierungsmöglichkeiten wurden durch folgende Autoren in Anspruch genommen: Wilde vermutete, daß die Anreicherung an Wasserstoff durch die Reaktion mit Methan erfolgt; Robinson äußerte die Meinung, daß das Erdöl ein Hydroformin-Produkt der paraffinischen Kohlenwasserstoffe ist, analog zum Synthin aus der Fischer-Tropsch-Synthese, bei Annahme der anorganischen Erdölentstehung, gemäß der Mendelejevschen Hypothese. Ramsay meinte, daß die Hydrierung mit Nickel katalysiert wurde, dessen Anwesenheit man in fast allen Erdölen feststellt. Andere Autoren zogen als Wasserstoffquelle die Tätigkeit von Bakterien in Erwägung.

Jedoch fanden die übrigen Hypothesen keine Anerkennung in der Geochemie, denn keine von ihnen konnte im Lichte der Forderungen der Biochemie, Geologie, Chemie und Thermodynamik verifiziert werden.

Tabelle 1 Die Hydrierungsreaktionen und Wasserstoffquellen in den Metamorphoseprozessen des Erdöls nach verschiedenen Autoren

Wasserstoffquelle	Reaktion	Autor (Jahr)
von außen, unbestimmt	Hydrierung der organischen Erdölsubstanz	PRATT, 1939
Muttersubstanz des Erdöls	Wasserstoff Disproportionierung	DOBRIANSKI, 1948
Wasser	Reaktion der Metallkarbide mit Wasser	STADNIKOW, 1937
Wasser	Reaktion des Wassers mit zweiwertigem Eisen	BERL, 1938
Wasser, Salzlauge	Aktivierung der Wasserstoffionen mit Silikaten	HASEMAN, 1953
Wasser	Anorganische Synthese der paraffinischen Kohlenwasserstoffe (MENDELEJEV, FISCHER-TROPSCH) Hydroforming des paraffinischen Ur-Erdöls	ROBINSON, 1964
Methan	Alkylierung der Erdölsubstanz mit Methan	WILDE, 1950
von außen unbestimmt	Hydrierung der organischen Substanz mit Nickel katalysiert	RAMSAY, 1924

In den letzten 25 Jahren wurden weitere zahlreiche Bemühungen zur Erklärung des Entstehungsmechanismus der Erdöle aus der organischen Muttersubstanz unternommen.

Unter anderen haben JURG und EISMA [2] sowie SCHMERLING [3] das Niedertemperatur-Cracken mit seinem Radikalmechanismus und das katalytische Cracken mit ionischem Mechanismus als Prozesse angenommen, die für die Hauptumwandlungen der Erdöle in der Natur verantwortlich sind. Beide Prozesse erklären die Gleichmäßigkeit der Verteilung und die Kontinuität der Molmassen [Masseneinheiten] im breiten Bereich der Erdölkohlenwasserstoffe von Pentan mit 72 Masseneinheiten bis zum paraffinischen Kohlenwasserstoff mit dem bis jetzt höchstnachgewiesenem Gehalt an Kohlenstoffatomen C_{78}–H_{158} mit 1094 Masseneinheiten und hochsiedenden aromatischen und naphthenischen Kohlenwasserstoffen, sowie der Asphaltene mit 2000–6000 Masseneinheiten. Die Moleküle mit niedrigen Massen sollten sich durch Zerfall der Radikale oder der Karbokationen in Position Beta bilden, dagegen sollten sich die hochmolekularen Bestandteile durch Polyrekombinationsprozesse der Radikale und Oligomerisation der Olefine, die in beiden Prozessen entstehen, bilden. Man muß bemerken, daß die Konsequenz beider Mechanismen die Anwesenheit von olefinischen Kohlenwasserstoffen als unbedingtes Endprodukt ist. Olefine sind der Hauptbestandteil industrieller thermischer und katalytischer Crackprodukte. Dennoch sind olefinische Kohlenwasserstoffe in Erdölen nicht anwesend, was eine charakteristische Eigenschaft dieses Rohstoffes ist. Diese Tatsache suggeriert die Notwendigkeit, auch andere chemische Reaktionen in den Umwandlungsprozessen des Erdöls anzunehmen, insbesondere die Hydrier- und Hydrocrackreaktion.

In der geochemischen Literatur kann man zahlreiche Beobachtungen finden, die für die hydrierende Evolution des Erdöls sprechen. Das sind Zusammenhänge zwischen der chemischen Zusammensetzung und dem Alter der Erdöle bzw. der Tiefe des Vorkommens. Aus den Untersuchungen von Smith und Ball [4] sowie Botniewa und Schutowa [5] folgt, daß das Verhältnis der gesättigten zu den aromatischen Kohlenwasserstoffen mit dem geologischen Alter der Erdöle und Temperatur bzw. mit der Tiefe des Vorkommens wächst. Man muß bemerken, daß das Alter der Erdöle üblicherweise anhand des geologischen Alters des umschließenden Gesteins bestimmt wird, ohne Berücksichtigung einer möglichen Migration der Erdölkohlenwasserstoffe. Beweise für eine Hydrierungsreaktion aus der chemischen Zusammensetzung unabhängig vom Alter des umschließenden Gesteins würde ein Argument von absoluter Bedeutung sein. Versuche zur Auffindung einer Bestimmungsmethode der Umwandlungsstufe polnischer Erdöle unabhängig vom Alter des umschließenden Gesteins unter Voraussetzung einer Evolution in Richtung der Sättigung mit Wasserstoff wurden von A. Marzec [6] beschrieben.

Die im Institut für Erdöl und Kohlechemie der Polnischen Akademie der Wissenschaften durchgeführten Untersuchungen polnischer Erdöle haben neue Regelmäßigkeiten ergeben, die die Rolle der Hydrierung in der Evolution der Erdöle bestätigen. Die Wahrscheinlichkeit dieser Reaktionen mit Wasserstoff von außen wurde durch die letzten Erfolge der Hydrierung organischer Rohstoffe bestätigt, welche zeigen, daß Wasser die nötige Wasserstoffquelle zum Ablauf der Hydrierungsreaktionen in den Metamorphoseprozessen des Erdöls sein kann.

Die im Institut für Erdöl und Kohlechemie der Polnischen Akademie der Wissenschaften durchgeführten Untersuchungen umfassen 150 Erdöle aus 6 geologischen Gebieten Polens. In Tab. 2 wurden die geologischen Daten der untersuchten polnischen Erdöle zusammengestellt. Die Erdöle wurden nach dem Schema in Tab. 3 untersucht.

Aus dem umfangreichen analytischen Material, das in früheren Publikationen [z.B. 7] besprochen wurde, werden wir die Aufmerksamkeit auf den

Tabelle 2 Geologische Daten der untersuchten polnischen Erdöle

Geologisches Gebiet Polens	Karpaten	Karpatische Vertiefung	Lubliner Depression	Vorsudetische Monokline	Pommerische Schwelle	Peribaltische Depression
Anzahl der untersuchten Erdöle	90	17	23	13	4	3
Tiefe des Vorkommens, m	100–2300	330–1230	1400–3800	110–2900	2300–2800	850–2800
Geologisches Alter des umschließenden Gesteins	Kreide Paläogen	Jura Kreide	Devon Karbon	Perm	Perm	Kambrium Silur Trias

Vergleich der Zusammensetzung der gesättigten und aromatischen Fraktionen, die aus den oben genannten 150 polnischen Erdölen abgetrennt wurden, konzentrieren. Die gesättigten und aromatischen Fraktionen enthalten alle Erdölkohlenwasserstoffe, die über 200 °C sieden, mit Ausnahme der n-Paraffine und eines Teils der iso-Paraffine, die durch Adduktbildung mit Karbamid abgetrennt wurden. Zusammen betragen beide Fraktionen 30–70% Gew. der untersuchten Erdöle. Für alle gesättigten und aromatischen Fraktionen wurden mittels der n-d-M-Methode die Gehalte der Kohlenstoffatome in Ringen (% C_R) bestimmt [in Gewichtprozent der gesamten Menge des Kohlenstoffes in der Fraktion]. Für die gesättigten Fraktionen ist % C_R ein Maß der Kohlenstoffatome, die naphthenische Ringe bilden. Für die aromatischen Fraktionen ist % C_R ein Maß der Kohlenstoffatome, die gesättigte und aromatische Ringe bilden.

Aus den Daten der Tab. 4 folgt, daß

- der Gehalt der Kohlenstoffatome in zyklischen Strukturen von 43 bis 72% für die aromatische und von 24 bis 56% für die gesättigte Fraktion schwankt,
- die Differenz der arithmetischen Mittelwerte dieser Größen beträgt rund 20% abs., also man kann sagen, daß die Zyklizität der gesättigten Fraktionen im Durchschnitt 28 bis 46% relativ niedriger als die der aromatischen Fraktion ist;
- die mittleren Molmassen der aromatischen Fraktionen einen Bereich von 230 bis 426 und der gesättigten von 230 bis 357 haben. Für 76% der Erdöle sind die Molmassen der gesättigten Fraktionen um 12 bis 81 Masseneinheiten niedriger als die der aromatischen, das heißt, daß die Massendifferenz 3 bis 20% beträgt.

Wir können also feststellen, daß für alle 150 untersuchten Erdöle der Gehalt der Kohlenstoffatome in Ringen der aromatischen Fraktion (% C_R A) beträchtlich höher ist als der Gehalt der Kohlenstoffatome in Ringen der gesättigten Fraktion (% C_R G) und daß die mittleren Molekulargewichte (M) der

Tabelle 3 Abtrennungsschema der gesättigten und aromatischen Fraktionen aus Erdölen

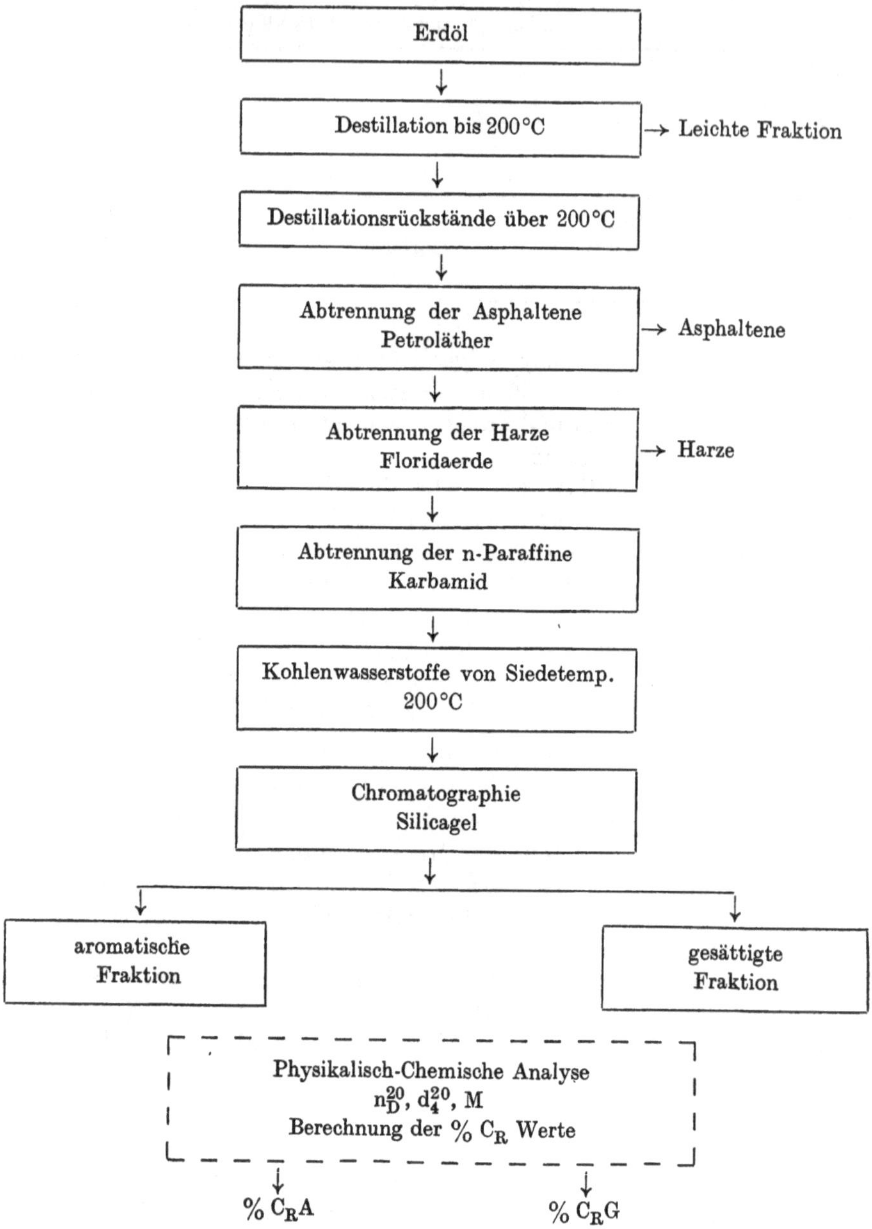

gesättigten Fraktionen für 76% der Erdöle niedriger als die der aromatischen sind:

Für 100% der Erdöle % C_R A $\gg$ % C_R A
für 76% der Erdöle $M_A \geqq M_G$

Wenn man in Betracht zieht, daß die untersuchten Erdöle aus

- sechs verschiedenen geologischen Gebieten, von den jüngsten Tertiärformationen über Kreide, Jura, Perm, Silur, Devon bis zu den ältesten Kambriumformationen,
- Tiefen in breiten Grenzen von 100 m bis 3800 m,
- Sedimentgesteinen von verschiedenem Alter

stammen, kann man annehmen, daß die für die polnischen Erdöle festgestellte höhere Zyklizität der aromatischen Fraktion eine allgemeine Gesetzmäßigkeit in der Zusammensetzung der Erdöle darstellt und auf einen genetischen Zusammenhang zwischen den gesättigten und aromatischen Kohlenwasserstoffen hinweist. Allgemein kann man sich die genetischen Zusammenhänge zwischen der gesättigten und aromatischen Fraktion wie folgt vorstellen:

$$\text{gesättigte Verbindungen (unbekannt)} \begin{array}{l} \nearrow \text{gesättigte Kohlenwasserstoffe} \\ \searrow \text{aromatische Kohlenwasserstoffe} \end{array}$$

oder

aromatische Kohlenwasserstoffe $\rightarrow$ gesättigte Kohlenwasserstoffe

Für den ersten möglichen Fall waren wir nicht im Stande einen vernünftigen Mechanismus vorzuschlagen, der Crackprozesse berücksichtigt und gleichzeitig den von uns festgestellten Zusammenhang zwischen der Zusammensetzung der gesättigten und aromatischen Fraktion plausibel macht.

Im Falle der zweiten Art des genetischen Zusammenhangs – der Entstehung der gesättigten Kohlenwasserstoffe aus aromatischen – müssen folgende Reaktionen in Betracht gezogen werden:

1. Hydrierung der aromatischen Ringe.
2. Das thermische oder katalytische Cracken, was die Öffnung einiger gesättigter Ringe zur Folge hat (das könnte die Differenz zwischen der Zyklizität (C_R) der gesättigten und aromatischen Fraktion erklären) und die Verminderung der Molmasse (das könnte die Differenz der mittleren Molmassen der gesättigten und aromatischen Fraktion erklären).
3. Die Hydrierung der ungesättigten Bruchstücke der Crackprodukte.

Wie schon erwähnt wurde, werden Mechanismen der Erdölmetamorphose, die das thermische und katalytische Cracken berücksichtigen, in der organischen Geochemie in Betracht gezogen.

Neue Untersuchungen über die Hydrierung der Kohle und anderer organischer kohlenstoffhaltiger Stoffe zu flüssigen Brennstoffen haben erwiesen, daß das Wasser die Quelle des nötigen Wasserstoffs sein kann. Fischer, der als erster 1921 die Verflüssigung der Kohle mit Wasser und Kohlenmonoxid durch-

Tabelle 4 Analyse der abgetrennten gesättigten und aromatischen Fraktionen aus 150 polnischen Erdölen aus sechs geologischen Gebieten

Gebiet	Gehalt der Kohlenstoffatome in Ringen			Mittlere Molmasse		
Zahl der untersuchten Erdöle	aromatische Fraktion $\% C_RA$	gesättigte Fraktion $\% C_R G$	$\Delta C_R = \% C_RA - \% C_RG$	aromatische Fraktion M_A	gesättigte Fraktion M_G	$\Delta M = M_A - M_G$
Karpaten 90 Erdöle	57–72	36–56	für alle Erdöle $\Delta C_R \gg 0$ arithmetischer Mittelwert $\Delta C_R = 22$	240–330	230–310	für 70% der Erdöle $\Delta M \geqq 0$ arithmetischer Mittelwert $\Delta M = 16$ für 30% der Erdöle $\Delta M < 0$ arithm. Mittelwert $\Delta M = -16$
Karpatische Versenkung 17 Erdöle	56–65	34–41	für alle Erdöle $\Delta C_R \gg 0$ arithmetischer Mittelwert $\Delta C_R = 22$	270–300	245–300	für 88% der Erdöle $\Delta M \geqq 0$ arithm. Mittelwert $\Delta M = 15$ für 12% der Erdöle $\Delta M < 0$ arithm. Mittelwert $\Delta M = -12$
Vorsudetische Monokline 13 Erdöle	46–53	29–36	für alle Erdöle $\Delta C_R \gg 0$ arithmetischer Mittelwert $\Delta C_R = 17$	307–376	290–350	für 85% der Erdöle $\Delta M \geqq 0$ arithm. Mittelwert M = 24 für 15% der Erdöle $\Delta M < 0$ arithm. Mittelwert $\Delta M = -23$

Lubliner Depression	43–68	24–42	für alle Erdöle $\Delta C_R \gg 0$	250–390	240–330	für 91% der Erdöle $\Delta M > 0$ arithm. Mittelwert $\Delta M = 42$
23 Erdöle			arithmetischer Mittelwert $\Delta C_R = 18$			für 9% der Erdöle $\Delta M < 0$ arithm. Mittelwert $\Delta M = -11$
Pommerische Schwelle	49–53	32–34	für alle Erdöle $\Delta C_R \gg 0$	310–370	316–357	für 79% der Erdöle $\Delta M > 0$ arithm. Mittelwert $\Delta M = 12$
4 Erdöle			arithmetischer Mittelwert $\Delta C_R = 18$			für 21% der Erdöle $\Delta M < 0$ arithm. Mittelwert $\Delta M = -8$
Peribaltische Depression	48–60	31	für alle Erdöle $\Delta C_R \gg 0$	273–426	285–345	für 33% der Erdöle $\Delta M > 0$ arithm. Mittelwert. $\Delta M = 81$
3 Erdöle			arithmetischer Mittelwert $\Delta C_R = 23$			für 67% der Erdöle $\Delta M < 0$ arithm. Mittelwert $\Delta M = -18$
150 Erdöle aus 6 geologischen Gebieten	43–72	24–56	für 100% der Erdöle $\Delta C_R \gg 0$	230–426	230–357	für 76% der Erdöle $\Delta M \geqq 0$

geführt hat, erhielt mit einer Ausbeute von 13 bis 35% aus Braunkokle ein in Äthyläther lösliches Produkt.

Das System Wasser + Kohlenoxid + Karbonate oder Bikarbonate der Alkalimetalle oder Erdalkalimetalle wurde danach von verschiedenen Autoren wie Appell, Handwerk, Oelert [z. B. 8–12] zur Verflüssigung von organischen Abfällen, niedrig inkohlter Kohlen, Lignite und Kerogen aus Ölschiefer angewendet. Oelert [12] hat in Wasser suspendierten Torf und Braunkohle in Gegenwart von Kohlenoxid (3–10 MPa) von 275 °C bis 375 °C aufgeheizt. Nach 30 Minuten wurde mit 40% Ausbeute ein in Benzol lösliches Produkt mit einer mittleren Molmasse von 350–400 erhalten. Aus Untersuchungen von Appell [9] folgt, daß die Karbonate der Alkalimetalle oder Erdalkalimetalle in Gegenwart von Wasser und Kohlenoxid in Formiate umgesetzt werden. Nachfolgend zerfallen die Formiate in Wasserstoff und Karbonate und erfüllen die Rolle eines homogenen Wasserzersetzungskatalysators. Das summarische Resultat der beiden Reaktionen entspricht der Konvertierung des Wassergases (shift reaction):

$$
\begin{array}{c}
Na_2CO_3 + 2\,CO + H_2O = 2\,HCOONa + CO_2 \\
\underline{2\,HCOONa = Na_2CO_3 + 2\,H + CO} \\
CO + H_2O = 2\,H + CO_2
\end{array}
$$

Bekannt ist, daß Wasser immer in organischer Substanz, die in Sedimentgesteinen dispergiert ist, in Erdöllagerstätten vorkommt. Alkali und Erdalkalimetalle kommen reichlich in Silikaten und Karbonaten vor, die die Hauptmenge der Sedimentgesteine bilden. Die Anwesenheit von Wasserstoff, Kohlenstoff, Kohlenoxid und Kohlendioxid in Erdgasen, die mit Sedimentgesteinen verbunden sind, wurde in zahlreichen Fällen von Depowski [13] im Zusammenhang mit Suchbohrungen nach Mineralrohstoffen in Polen festgestellt.

Diese Angaben zeigen, daß alle Substrate (Wasser, Kohlenoxid und Karbonate) und Produkte (Wasserstoff, Kohlendioxid) der Konvertierung des Wassergases in den Sedimentgesteinen anwesend sind.

Auf diese Weise wird die Vermutung erhärtet, daß über den Formiatmechanismus freigesetzter Wasserstoff aus Wasser in Sedimentgesteinen vorkommen kann, und an den Hydrier- und Hydrocrackreaktionen der organischen Substanz, die in der Metamorphose des Erdöls stattfinden, teilnimmt.

Literatur

[1] Dobrianskij, A. F.: Geochimija nefti, Gostoptechizdat, Leningrad-Moskau, 1948.

[2] Eisma, E., J. W. Jurg: Fundamental Aspects of the Generation of Petroleum, in: Organic Geochemistry, p. 682 Editors G. Eglinton, M.T.J. Murphy, Springer-Verlag, 1969.

[3] Schmerling, R.: Preprints, Div. of Petrol. Chem., ACS, **17**, No. 3–4, (1972) A 7.

[4] Smith, H. M., J. S. Ball: Preprints, Div. of Petrol. Chem., ACS, **14**, No. 3, 1969, E5–E15.

[5] Botniewa, T. M., N. S. Schutowa: Vorträge zu geochemischen und chemisch-physikalischen Problemen der Erdöl-Erdgas-Erkundung und Förderung, Band I, 351–362. VIIth Intern. Conference on Petroleum Geochemistry, Budapest 1973.

[6] Marzec-Pawłowska, A.: Versuch der Definierung und Bestimmung des Umwandlungsgrades der Erdöle in der Natur, Zeszyty naukowe Politechniki Sląskiej, Chemia 41, 1968, 1–54.

[7] Marzec, A., W. Kisielow, S. Depowski: Role of Hydrogenation in the Generation of Crude Oils, 8th International Congress on Organic Geochemistry held in Moskov May, 1977, 10–13.

[8] Appell, H. R., Y. G. Fu, S. Friedman, P. M. Yavorsky, I. Wender: Rep. Invest. US Bureau of Nines No 7560, 1971.

[9] Appell, H. R., I. Wender, R. D. Miller: Chem. and Ind. [London], Nov. 22, 1969, 1703.

[10] Appell, H. R., I. Wender, R. D. Miller: ACS Div. Fuel Chem. 1972.

[11] Yavorsky, P. M., N. J. Mazzoro, G. D. Rutledge, E. Gorin: Enviromental Sci and Technology, **4**, 1970, 757.

[12] Oelert, H. H., R. Siekman, H. El Saied: Nichtkatalytische Verflüssigung von Braunkohle und Torf. Koks, Smoła, Gaz **23**, 11, 1978, 326–330.

[13] Depowski, St.: Hydrogen in Earth Gases of Polish Lowland. Kwartalnik Geologiczny, **10**, 1966, 194.

Rudolf Daber

Unser Wissen von Kohlensedimenten

Der Zweck meiner Worte ist es darzulegen, wie vorläufig nach wie vor unser Wissen, unser Kenntnisstand von der Entstehung und substanziellen Umwandlung, also Reife der Kohlen und inkohlten Substanzen ist.

Hier in Berlin gibt es über ein Jahrhundert eine wissenschaftliche Tradition zur Untersuchung dieser Fragen; sie ist an die Namen H. POTONIÉ, W. GOTHAN und die ihnen nachfolgenden Fachleute der jetzigen Generationen geknüpft. Aber noch immer gilt: Die Erforschung oder Erkundung jedes neuen Kohlenvorkommens, jedes neuen Raumes, wo kohlenbildende Prozesse vor sich gegangen sind, hat hisher noch immer wieder besondere Probleme gebracht und es sieht nicht so aus, als wäre ein klassischer Endstand erreicht. GOTHAN [1] nimmt mit seinen ersten Worten in Band Kohle die gleiche Haltung ein.

In diesen 100 Jahren Berliner Tradition ist das Wissen und die Erkenntnissuche meist vom Endprodukt, der Kohlensubstanz, der Kohlenlagerstätte ausgegangen. Kohlenarten, Kohlenklassifikation, Chemische Eigenarten der Kohle, Struktur der Kohlen, Entstehung der Kohlen – das war die Reihenfolge der Kapitel in der GOTHANschen Darstellung 1937.

Natürlich ist das eine bewährte Form des wissenschaftlichen Herangehens gewesen, aber möglicherweise klingt uns heute ein HEGELwort wie ein philosophischer Vorwurf in den Ohren: Das Wahre ist das Ganze, also nicht das bloße Resultat, sondern zusammen mit seinem Werden; das nackte Resultat ist ein Leichnam, der seine Entwicklung hinter sich gelassen hat.

In dieser Beziehung, was das planetare Ganze des Kohlenstoffkreislaufes betrifft, hat W. J. VERNADSKY [2] 1930 die entscheidenden Fragen angeschnitten [2]. Er zitiert A. v. HUMBOLDT (S. 8), für den die Organismen einen fortdauernden Bestandteil der äußeren Schale unseres Planeten darstellen, untrennbar mit dem Aufbau dieser verbunden. Er zitiert andere Verfasser des Endes des vorigen Jahrhunderts, für die Ernährung und Atmung der Organismen als planetare Erscheinung der NEWTONschen Schwerkraft vergleichbar sind (S. 40), wobei Effekte erzielt werden, von denen einer die Beteiligung und auch Anreicherung kohliger Substanz in der Erdrinde ist. VERNADSKY ging es um die Herausstellung der großen Bedeutung der „zyklischen oder organogenen Elemente“ (S. 27) für die Biosphäre, zyklisch bezeichnet deshalb, weil sie sich durch die zahlreichen umkehrbaren chemischen Reaktionen, die sie zu ergeben vermögen, auszeichnen. Daraus resultiert die Frage: Sind nun die kohligen Substanzen in Sedimenten der Erdrinde und insbesondere die Kohlenflöze bloße Restedeponien dieses planetaren Vorganges, sozusagen Ausscheidungsprodukte, die mit immer zunehmender Inkohlung irreversibel aus dem großen Lebensprozeß unserer Biosphäre ausscheiden oder schlummern hier die immensen, noch freizulegenden Kräfte und Rohstoffpotentiale der Zukunft, vergleichbar den Kräften, die die Kernspaltung eines Tages allgemein nutzbar freilegen wird?

Diese große Frage ist bisher nur oberflächlich, nämlich durch Nutzung der brennbaren, aschenarmen Kohlen, sofern die Flöze ausreichend mächtig waren und genügend oberflächennah lagen, beantwortet worden.

Es sind ja nicht nur die kohlenflözführenden Formationen, die eine Anreicherung von Kohlenstoff im Sediment mit sich brachten. Auch der Kupferschiefer hat z.B. eine nennenswerte Menge „saprovitrinitische" Substanz, von deren Nutzung oder Mitnutzung wir natürlich weit entfernt sind.

Große Ausdehnung im Süden der DDR zeigen die silurischen Graptolithenschiefer. Sie sind Sedimente eines großen Meeres, in dem die Bildung von Faulschlammgesteinen die Regel war und dieses Meer kondensierte in seinen Ablagerungen die großen Erdöl- und Erdgaslagerstätten Libyens und der algerischen Sahara.

Auch bei und wird es diese Erdölmuttergesteine gegeben haben, jedoch hat die bei uns sehr intensive variszische Thermometamorphose die ursprünglich bitumöse Ausgangssubstanz in anthrazitische Substanz umgewandelt. Eine Untersuchung dazu veröffentlichte KAEMMEL (1959) [3]. Handelt es sich auch bei diesen silurischen Graptolithenschiefern um eine kohlenstoffreiche erdgeschichtliche Restedeponie, niemals mehr nutzbar im Kreislauf der Natur und der Menschen? Sind diese anthrazitischen Substanzen allein dazu verdammt, als Graphit in Gneisen in tiefere Zonen der Lithosphäre einmal in Jahrmillionen zu verschwinden?

Eine entscheidende Arbeit für die Aufklärung der Genese der Kohlen ist durch POTONIÉ [4] 1908–1912 geleistet worden – er untersuchte die heute sich bildenden brennbaren Ablagerungen in der Natur, die „Kaustobiolithe" wie er sie nannte. Dadurch festigten sich eine Reihe hypothetischer Anschauungen z.B.

1. die von der überwiegend autochthonen Entstehung der Kohlen,
2. die von der grundlegenden Divergenz von Kohlenstoffanreicherungsprozessen unter Abspaltung von wasserstoffreichen Verbindungen (Inkohlung) und Bitumenbildungsprozessen.

R. POTONIÉ (1928 und 1950) [5] und GOTHAN [6] präzisierten die betreffenden Begriffsinhalte. Trotz aller Gegensätzlichkeit, die diese überwiegend zutreffenden Modellvorstellungen deutlich machen, werden neuerdings die Lagerstättenfälle interessant, die diesen Lagerstättenmodellen nicht entsprechen oder die verbindenden Möglichkeiten erkennen lassen, z.B. der Gedanke, daß auch in den Kohlenflözen selbst Erdöl oder erdölartige Produkte entstehen können, wenn die dafür nötigen Temperatur–Zeit-Bedingungen gegeben sind, M. Teichmüller [7]. Offenbar spielen dabei die in den Tropen- bzw. Subtropen-Waldmooren vorhanden gewesenen Wasserflächen mit ihrem Algeninhalt, also der allochthone Anteil eine nachträgliche Rolle.

In den vergangenen Jahrzehnten wurde auch der Zyklizität und Rhythmizität der kohlenführenden Sedimente Beachtung geschenkt. Sicherlich gewinnt dies erneut bei großflächigen Lagerstättenerkundungen Bedeutung.

So wurde schon in den 30er Jahren ein scheinbar klassischer Stand in der Kohlenforschung erreicht, aber wir müssen und dürfen heute den Finger auf die Punkte der Analyse der Kohlenflözgenese legen, die nach wie vor offen geblieben sind:

Der heutige nacheiszeitliche Zustand unserer Erde zeigt einen planetaren Gleichgewichtszustand, bei dem die Moorbildungen ihr Optimum in der nördlichen gemäßigten Zone haben, ähnliche, aber kleinerräumige Moorgebiete in der südlichen gemäßigten Zone, und vereiste Polargebiete.

Im Tertiär – unsere Braunkohlenzeit – waren die heute vereisten Polgebiete des Nord- und Südpoles eisfrei und von Pflanzen bewachsen, die für ein mildes Klima sprechen. Marine Sande und Tone begrenzen demzufolge im Hangenden und Liegenden oftmals auch unsere Braunkohlenflöze. Die gedanklich fixierten, zu sehr vom heutigen Zustand ausgehenden Vorstellungen von der Moor- und Kohlengenese stoßen an Erkenntnisgrenzen.

Mit Vernadsky (S. 12) möchte man sagen: „Die Geologie gibt die alten, zu engen Schemata auf und bemüht sich, der Kompliziertheit der Naturerscheinungen durch vielseitigere Auslegungen Rechnung zu tragen“.

Es gab vor dem Pleistozän über 200 Mill. Jahre keine Vereisung der Polgebiete. Damit gab es andere Klimazonen als heute, die insbesondere nicht so scharf konturiert waren wie die heutigen. Es gab u.a. Sphagnum-Moose seit dem Perm, aber den bekannten Sphagnum-Hochmoortorf der heutigen Zeit gab es im ganzen Mesophytikum und Tertiär anscheinend nicht. Dafür gab es andere, sich erdgeschichtlich ablösende Waldmoorgesellschaften.

Uns fehlt heute ein rezentes Analogon für ein gedankliches gesamtplanetares Modell der Kohlengürtel = Waldmoorbildungszonen der Erde unter warmhumiden Klimabedingungen.

Nach der Lage des paläomagnetisch ermittelten Äquators zur Zeit des Karbons auf dem Territorium unserer Republik entstanden die Steinkohlen unter „tropischen“ Klimabedingungen. Vergleichbar nach H. Potonié [8] wären demnach allein indonesische Süßwassersumpfwälder als Bildungsgebiete.

Was unsere Braunkohlen betrifft, hat man sich nach den Forschungen von M. Teichmüller [9] und anderen westeuropäischen und US-amerikanischen Wissenschaftlern auf Vergleichsgebiete im Süden der USA (Florida, Mississippi) festgelegt. Eine Reihe von fossilen und rezenten Pflanzenarealen sprechen dafür.

So die heutigen Restareale von Liriodendron, Taxodium, Sequoia, die heute auf den Süden Nordamerikas beschränkt sind. Andere Funde von Blatt-,

Holz- und Samenresten in miozänen und eozänen Braunkohlen (z.B. Geiseltal bei Halle oder Lausitz) sprechen für eine Beziehung zu südostasiatischen heutigen Reliktarealen in SO-China, Vietnam, Laos (z.B. Taiwania, Glyptostrobus, Cunninghamia, Mastixia).

Vor einer schematischen Übertragung der heutigen Klima-Verhältnisse und der heutigen subtropischen oder tropischen Moortypen auf die Verhältnisse des Tertiärs und Oberkarbons hat schon Walther Gothan 1924 [10] mit noch immer zutreffenden Gründen gewarnt: Gothan verweist auf die vielfach sich wiederholenden Stubbenhorizonte in der Lausitzer Braunkohle. Dies entspricht nicht dem Zyklus einer heutigen Moorbildung, der mit Faulschlamm beginnt, zum Waldmoor (Sumpfflachmoor) übergeht und als Hochmoor endet.

Die vielfach anzutreffenden Wurzelböden im Flözliegenden widersprechen bereits dem genannten Anfangsstadium und die Stubbenhorizonte insbesondere von Sequoia (und nicht von Taxodium) stehen in der jetzigen Kohle, also im ehemaligen Humusboden (S. 38). „Also im Humus der älteren Vegetation siedelte sich aufs neue dieselbe Pflanzengemeinschaft an“ (S. 173) bemerkt Gothan ganz richtig. Das ist eine Problematik – eine Zyklizität – über deren Ursachen wir noch ungenügend orientiert sind.

Andere Besonderheiten unserer Braunkohlen warten nach wie vor auf ihre theoretische Modellierung. So die Montanwachsgehalte der Kohle von Röblingen (Bez. Halle). Es ist anzunehmen, daß Palmen der Gattung Copernicia eine Rolle bei der Produktion des Montanwachses hatten. Solche Copernicia-Palmen sind heute in Mittelamerika verbreitet. In Cuba sind bestimmte Copernicia-Arten an ganz bestimmte Standorte gebunden, sie keimen nur dort und bilden relativ kleine Bestände.

Wenn ähnliches für eozäne Zeit zuträfe, würde dies ebenfalls für ein begrenztes und zugleich über längere Zeit arealbedingt beständiges Vorkommen dieses Montanwachsanteils in der Kohle sprechen.

Eine andere Problematik betreten wir mit den bernsteinartigen Harzen in Braunkohlenflözen und im Liegenden z.B. des Bitterfelder Flözes, worüber Gothan u.a. [11] 1933 ausführlich berichtet haben. Es scheint so, daß an der Zeitenwende Eozän zum Oligozän klimatische und andere Bedingungen in Mitteleuropa herrschten, die bestimmten bernsteinliefernden Baumarten besonders häufig anzutreffende Lebensbedingungen gaben. Wieviel Bernsteinharzlieferanten in Frage kamen, ist nach neueren Untersuchungen völlig offen, früher rechnete man mit einer einzigen Kiefernart, heute muß man 20–30 mögliche Harzlieferanten sowohl unter Koniferen wie auch unter Angiospermen suchen. Mit Infrarotspektren lassen sich die verschiedenen Harzlieferanten unterscheiden.

Eine mit aktuellen klimatischen Verhältnissen nur mangelhaft vergleichbare Problematik sind die in den letzten zwei Jahrzehnten nachgewiesenen Klimaänderungen im Tertiär Mitteleuropas und darüber hinaus. Darüber erschien 1967 eine Abhandlung des ZGI Berlin. W. Krutzsch [12] gab in diesem Band eine Klimakurve, die allein im Alttertiär 6 unterschiedliche Klimamaxima erkennen läßt. Die Klimaminima sind durch das Vordringen arktotertiärer Florenelemente deutlich markiert. Es ist für jedermann theoretisch und für die Eingeweihten auch praktisch klar, daß zwischen den klimatischen Optima und den mächtigen Braunkohlenflözbildungen eine Beziehung bestand. Auch hier zeigt sich wieder, wie wir uns heute in einem klimatischen Minimum befinden, also unter Bedingungen, die für einen aktualistischen Vergleich recht unpassend sind.

Einen solchen unpassenden Modellvergleich nun auch noch prinzipiell auf das Mesozoikum und Paläozoikum auszudehnen, verbietet sich eigentlich von selbst. Die Bildungsräume und früheren Pflanzengesellschaften und ihre Beeinflussung durch Klima, kosmische, planetare und lokale Bedingungen müssen wohl oder übel mosaikbausteinartig rekonstruiert werden. Die andersartige Lage der Kontinentalplatten ist dabei mit einzukalkulieren.

Das Gleiche gilt aber auch für die Vorgänge, die die sedimentierten Kohlenschichten nachträglich betroffen haben. Ein rezentes Beispiel einer heute vor sich gehenden regionalen Inkohlung ist ebenso unbekannt, wie eine Beteiligung von Vulkanaschen (bekannt in Flözprofilen als Kaolin- und Kristalltonsteinhorizonte) – vielleicht ausgelöst durch einen Atlantik-Spreading-Prozeß, der zeitweilig intensiver gewesen sein mag als zur Zeit beobachtbar.

In der Anthrazitkohlenlagerstätte von Doberlug-Kirchhain sind nach Nöldeke [13] 11 solche Tonsteinhorizonte erbohrt und regional verfolgt worden. Die Mächtigkeit beträgt wenige cm bis 26 cm. Auch im Zwickau-Oelsnitzer Steinkohlenrevier sind mehrere solcher Kohlentonsteine nachgewiesen. Aufgrund ihres Gehaltes an gut ausgebildeten Zirkonkristallen nimmt man Vulkanaschenregen in heute nicht bekannter Intensität an.

Im Döhlener Unterrotliegendbecken sind die steinkohlenflözbildenden Pflanzen stellenweise in Tonsteinhorizonten, d.h. hellen Vulkanaschenhorizonten aufrechtstehend eingebettet.

Die Entdeckung und anschließende Erforschung des noch nicht in Abbau befindlichen Anthrazitvorkommens von Doberlug-Kirchhain durch Gothan [14, 15] und eine Reihe hier nicht einzeln genannter Erkundungsgeologen erbrachte die Erkenntnis von einer mehrfachen Inkohlung der hier unterkarbonzeitlichen (Visé III) Kohle.

In die Folge der Kohlenflöze ist in mehreren Lagen ein unterkarbonzeitlicher Andesit eingedrungen. In seinem Kontakt zu Grauwacken, Schiefertonen und Flözen veränderte er durch Hitzewirkung diese Gesteine. Im Falle der Flöze kam es im unmittelbaren Kontakt zu einer natürlichen Verkokung, d.h. Aufblähung der Kohle, Blasenhohlräume 3–5 μm, Schmelzung vitrinischer Bestandteile, Graphitkristalle einer fluiden Phase.

Die Ursache der regionalen Inkohlung der Flöze wird von den Bearbeitern Nöldeke [13] als regionale Thermometamorphose durch einen hypothetisch anzunehmenden Tiefenpluton der sudetischen Hauptphase in der Lausitz (Demitzer Granodiorit) verursacht gesehen, also wenige Jahrmillionen nach der Bildung der Flöze. Von derartig großen Plutonen ging nach unserem Wissen eine mehrere Millionen Jahre andauernde Hitzewirkung aus.

Etwa 45 km entfernt von Doberlug erbrachte eine geologische Tiefbohrung bei Jessen eine ebenfalls hoch (anthrazitisch) inkohlte oberstkarbonzeitliche Flora. Also müssen wir auch im Stephan-Unterrotliegenden eine regionale Aufheizung durch Tiefenherde des jüngeren Vulkanismus annehmen, die noch ein zweites Mal (bzw. ein drittes Mal) auf die schon inkohlten Flöze von Doberlug eingewirkt haben mag [16].

Wir haben also einerseits das Endprodukt dieser verschiedenzeitlichen Inkohlungen in Form der Anthrazite vor uns, und wir haben andererseits das Problem der Visé-Namur (A) zeitlichen und unterrotliegenden Inkohlung, d.h. Aufheizung und Abkühlung, fraktionierten Destillation von Gasen (Methan), deren Abwanderung, die wir bisher nicht rekonstruieren und verfolgen können.

Ein jüngeres Alter, Westfal D, zeigen die Steinkohlenflöze von Zwickau und Oelsnitz im Bezirk Karl-Marx-Stadt. Sie standen jahrhundertelang im Abbau und auch noch in den 70er Jahren waren diese mehrere Meter mächtigen z.T. recht aschearmen Steinkohlen für uns von wirtschaftlichem Wert.

Diese Folge von Flözen enthält im Oelsnitzer Teilbecken einen aus Ölalgen entstandenen etwa 40 cm mächtigen Boghead-Horizont. Der Anteil an flüchtigen Bestandteilen dieses Bogheads beträgt 88,5%, Pietzsch, S. 231 [17]. Kein geologisches Ereignis hatte seit 300 Mill. J. diesen fossilen Sapropelit, diese Ölalgensubstanz konservierende Faulschlammkohle zerstört oder höher als eine Gasflammkohle inkohlt. Dieser Boghead wurde also über 300 Mill. J. bis heute nicht fraktioniert destilliert. 1968 wurde in Oelsnitz ein weiterer geringmächtiger Boghead-Horizont bekannt, Künstner [18]. Die relativ schwache Steinkohleninkohlung von Zwickau-Oelsnitz beschränkte sich auf eine regionale Inkohlung in unter stefanischer Zeit.

Ein karbonzeitlicher Andesit in Zwickau ergoß sich großenteils oberflächlich und sein Herkunftsherd hatte anscheinend keine wesentliche Hitzeausstrahlung auf die großenteils nach seinem Erguß entstandenen Flöze.

Über die regionale Inkohlung stefanzeitlicher Pflanzenreste in der Bohrung Jessen hatte ich bereits gesprochen und natürlich hatte die unterrotliegend-Vulkanismus-Tiefenherd bedingte Inkohlung für die Flöze im Nördlichen Saaletrog bei Halle (Steinkohlen von Plötz und Löbejün) die bestimmende Bedeutung, Schwab [19].

Die Bearbeiter der Tiefbohrungen im Norden der DDR waren Mitte bis Ende der 60er Jahre durchaus überrascht, nun in den größeren erbohrten Tiefen vor den Wirkungen einer ähnlich alten (unterrotliegenden) Inkohlung zu stehen. Das Auffinden Unterkarbonzeitlicher mariner Kalke und oberkarbonzeitlicher Steinkohlenschiefertone und Sandsteine war sowieso ein regionales Überraschungsergebnis der frühen 60er Jahre gewesen, Daber [20]. Die hohe Inkohlung der Kohlensubstanz wurde auf einen lange Zeit thermisch wirksamen granitoiden Tiefenkörper im Norden unserer Republik zurückgeführt, der auch tatsächlich erbohrt wurde. Welche Abgasungsvorgänge mögen hier in unterrotliegender Zeit stattgefunden haben? Und vor allem, wie komplex ist so etwas in großregionalem Rahmen zu sehen? Denken wir z. B. an folgende hypothetische Variante:

Das Zusammenkommen von Drücken, Temperaturen um 450°, Kohlen, bei denen eine Rücktreibung der Inkohlung möglich ist, Schweröl mit Siedepunkten über 300° und Katalysatoren ist geologisch durchaus möglich, allerdings nur dann, wenn etwa folgende Gegebenheiten zusammentreffen:

a) Entsprechende Kohlenflöz- und Nebengesteinsserien geringer Inkohlung

b) Faulschlammkohlen (Boghead-Flöze) oder ein entsprechender Unterkarbonkalk, der bei Hitzeeinwirkung ein entsprechendes Schweröl abgibt

c) Drücke um 200–300 at, die bei Teufen von etwa 1000 bis 1500 m erreicht werden (Gesteinsbelastungsdruck)

d) Temperaturen, die entweder in größeren Tiefen erreicht werden (über 7000 m) oder die durch das Eindringen großräumiger Intrusivkörper in erdgeschichtlicher Zeit zeitweilig bestanden

e) Eisen-III-oxid-Katalysatoreinwirkung ist in solchen Sedimentfolgen anzunehmen.

Unklar bleibt die für einen Hydrierungsvorgang notwendige Zufuhr von Wasserstoff. Ob es dafür eine geologische Entstehungsmöglichkeit gibt (z.B. flache Intrusionen in einer Flözverband-Zerlegung von H_2O), ist nach wie vor unbekannt.

Leider ist dies seit Jahrzehnten eine kohlengeologische Denkvariante geblieben, die uns aber deutlich macht, daß Erdöl- und Erdgasgeologie und Kohlengeologie an benachbarten Fragestellungen arbeiten. In Mittelengland ist ein Zusammenvorkommen von Steinkohlenflözen und Erdöl bekannt. Neuere Bearbeitungsergebnisse darüber aber sind unbekannt.

Ein sehr wichtiger Teil der Inkohlungsproblematik wurde durch die Untersuchung und Förderung von Erdgas in West- und Mitteleuropa angeschnitten. Die Erdgaslagerstätten von Holland und im Nordseebereich legten schon Mitte der 60er Jahre klar, daß dieses Erdgas durch Inkohlungsvorgänge aus karbonischen Schichten stammt. Diese Problematik stimulierte Isotopenuntersuchungen des Kohlenstoffes und des Stickstoffes. Die Kohlenstoffisotopenuntersuchungen betreffender Gase belegten schließlich die Herkunft aus flözführenden Oberkarbongesteinsfolgen. Je nach dem Inkohlungsgrad war nun ein steigender Anteil von Stickstoff in diesen Erdgasen zu beobachten. Ein stickstofffreies Erdgas deutete also auf entsprechend hoch inkohlte, tief liegende kohlenführende Schichten hin. Damit wurde der Stickstoffanteil im erbohrten Erdgas zum Problem. Ein langer Migrationsweg kann ebenfalls zur Erhöhung des Stickstoffanteils beigetragen haben [12].

Einige Forscher möchten auch von regionalen Aufheizvorgängen, von Vorgängen eines oberkarbonischen oder rotliegenden Vulkanismus einen gewissen

Stickstoffanteil ableiten. Auch wird eine organische Herkunft dieses Stickstoffs nicht ausgeschlossen, in der Art eines bakteriellen Eiweißabbaues in fossilen Faulschlammgesteinen. Stickstoffisotopenuntersuchungen sind vielerorts aufgenommen worden und dienen dem Zweck, das Herkunftsgebiet und die Herkunftstiefe auszumachen. Außerdem ist es mit Hilfe der An- oder Abreicherung der Stickstoff- und Kohlenstoffisotope möglich, Rückschlüsse auf die Muttergesteine zu ziehen, ob dies Humuskohlen oder Sapropelkohlen waren.

Als Letztes an der Kohle interessiert uns die Asche.

Durch geologisch bedingte Salzgehalte in manchen Braunkohlen besteht nach wie vor die Schwierigkeit, diese Kohlen in großen Kesselhäusern zu verheizen. Der Salzgehalt wirkt sich ungünstig auf die Schlackenbildung aus.

Fernerhin gibt es auch geringe Gehalte an Kalziumfluorit in Braunkohlen, was bei Kraftwerken, die solche Kohlen verfeuern, zu einer Abgabe von Fluor in die Atmosphäre führt, was bekanntlich der Gesundheit von Pflanze, Tier und Mensch abträglich ist. Auf der anderen Seite haben wir in den Aschen eine Anreicherung der Gehalte, die in Kohlen zu fein verteilt sind, um sie zu nutzen. Der Fe_2O_3-Gehalt mancher Braunkohlenaschen wurde schon vor Jahrzehnten hinsichtlich einer Nutzung diskutiert. Es kann aber in jeder Kohle – Steinkohle wie Braunkohle – regional begrenzt zu einer Anreicherung sonst seltener Elemente gekommen sein, die über die Asche genutzt werden können. Bei diesen geochemischen Fragen der Kohlen und Kohlenaschen stehen wir auch am Anfang von Entwicklungen, die sich in der Zukunft realisieren werden.

Die grauharte Kohle im Ostteil des Döhlener Beckens bei Dresden, eine Faulschlammkohle, enthielt neben Schwefelkies, Bleiglanz, Zinkblende auch Uranerze (Pechblende). Die Radioaktivität dieser führte zu einer Steigerung der Inkohlung, Pietzsch, S. 322 [17].

Der Zweck meines Vortrages war, Ihnen zu zeigen, daß unsere Kohlen, Braunkohlen und andere Kohlensedimente, nicht ein einförmiges, problemloses, überall gleich ausgebildetes Sediment sind, das man relativ problemlos abbauen kann, um es dann lediglich wieder problemlos zu verfeuern [22].

Wir haben und wir nutzen diesen Rohstoff und wir müssen in gesteigertem Maße Grundlagenforschung und hochwertiges technisches Können einsetzen, um daraus das Beste für unsere sozialistische Energieversorgung und Rohstoffversorgung zu machen. Uns werden diese kohlengeologischen und nutzungstechnischen Probleme weit über das Jahr 2000 begleiten.

Literatur

[1] Gothan, W.: Kohle. Die Lagerstätten der Nutzbaren Mineralien und Gesteine III., 1. F. Enke Verl. Stuttgart 1937.

[2] Vernadsky, W. J.: Geochemie. Leipzig 1930.

[3] Kaemmel, Th.: Petrographische, insbesondere erzmikroskopische Beobachtungen

an inkohltes Bitumen führenden Sedimentiten des Thüringer Silurs. Beitr. Geol. 1, 69–88, Berlin 1959.

[4] POTONIÉ, H.: Die rezenten Kaustobiolithe und ihre Lagerstätten, Bd. I Die Sapropelite, Bd. II. Die Humusbildungen, Bd. III Die Humusbildungen und die Liptobiolithe. Abh. K. Pr. GLA 55, 1908, 1911, 1912 Berlin.

[5] POTONIÉ, R.: Genetisch-petrographische Systematik der Bitumina. Erdöl und Kohle, S. 474–476, Hamburg 1950.

[6] GOTHAN, W., P. MOJEN.: Bemerkungen zur Bitumen-Klassifikation. Abh. geol. L. A. Berlin, H. 215, S. 19–26, Berlin 1948.

[7] TEICHMÜLLER, M.: Entstehung und Veränderung bituminöser Substanzen in Kohlen in Beziehung zur Entstehung und Umwandlung des Erdöls. Fortschr. Geol. Rheinld. u. Westf. 24, S. 65–112, Krefeld 1974.

[8] POTONIÉ, H.: Die Tropen-Sumpfflachmoor-Natur der Moore des Productiven Carbons. Jb. k. Pr. GLA XXX, 1, H. 3, Berlin 1909.

[9] TEICHMÜLLER, M.: Rekonstruktionen verschiedener Moortypen des Hauptflözes der niederrheinischen Braunkohle. Fortschr. Geol. Rheinld. u. Westf. 2, S. 599–612, Krefeld 1958.

[10] GOTHAN, W.: Palaeobiologische Betrachtungen über die fossile Pflanzenwelt. Fortschr. d. Geol. u. Pal. H. 8, Borntraeger, Berlin 1924.

[11] HASENKOPF, W. FUCHS, W. GOTHAN: Über fossile Harze der Grube Golpa bei Bitterfeld, Braunkohle H. 19, S. 309–315, H. 20, S. 326–329. Verl. Knapp, Halle 1933.

[12] KRUTZSCH, W.: Der Florenwechsel im Alttertiär Mitteleuropas aufgrund von sporenpaläontologischen Untersuchungen. Abh. ZGI Klimaänderungen im Tertiär aus paläobotanischer Sicht. S. 17–37, Berlin 1967.

[13] NÖLDEKE, W.: Das Obervisè von Doberlug-Kirchhain. Jb. Geologie 5/6 für 1969/70, S. 589–706, Berlin 1976.

[14] GOTHAN, W.: Die Unterkarbon-Flora der Dobrilugker Tiefbohrungen. Abh. Geol. L. Berlin, Akad.-Verl., Berlin 1949.

[15] FRIESE, H., W. GOTHAN: Neue Beobachtungen über die Kohlenflora von Doberlugk-Kirchhain. Geologie I, S. 6–26, Berlin 1952.

[16] DABER, R.: Paläobotanische Hinweise auf eine paralisch beeinflußte Oberkarbon-Senke im tieferen Untergrund Nordostdeutschlands. Geologie 12, H. 6, S. 683–699, Berlin 1963.

[17] PIETZSCH, K.: Geologie von Sachsen. VEB Deutscher Verl. d. Wiss., Berlin 1963.

[18] KÜNSTNER, E.: Bogheadkohle aus dem Niveau des Vertrauenflözes im Ölsnitzer Revier (Erzgebirgisches Becken). Geologie 19, H. 4, S. 398–404, Berlin 1970.

[19] SCHWAB, M,: Über die Inkohlung der Steinkohlen im Nördlichen Saaletrog bei Halle. Geologie 11, S. 917–942, Berlin 1962.

[20] DABER, R.: Paläobotanische Hinweise auf eine paralisch beeinflußte Oberkarbon-Senke im tieferen Untergrund Nordostdeutschlands, II (Teil 1). Geologie 18, S. 253 bis 297, Berlin 1959.

[21] BOIGK, H., H. W. HAGEMANN, W. STAHL, G. WOLLANKE: Isotopenphysikalische Untersuchungen zur Herkunft und Migration des Stickstoffs nordwestdeutscher Erdgase des Oberkarbon und Rotliegend. Erdöl u. Kohle H. 3, S. 103–111. 1976.

[22] GOTHAN, W.: Die Entstehung der Kohle. DAW Vorträge u. Schriften H. 41, Berlin 1952.

Eberhard Leibnitz

Schlußbemerkungen

Meine Damen und Herren,
meine sehr verehrten lieben Herren Kollegen!

Zunächst einmal möchte ich der fast selbstverständlichen, daher aber um so notwendigeren Pflicht nachkommen, mich auf das herzlichste für diese Veranstaltung und die von Ihnen vorgetragenen wissenschaftlichen Erkenntnisse bedanken. Insbesondere ist mir im Zusammenhang mit der Laudatio so vieles an Freundlichkeiten gesagt worden, daß ich ein bißchen verlegen bin, ob und wie weit ich diesem, was man mir ins Tagebuch geschrieben hat, auch wirklich nachzukommen imstande bin.

Ich habe mir daher überlegt, ob ich am Ende dieses Kolloquiums nur Dankesworte sagen soll, oder ob es nicht viel richtiger ist, noch ein paar Bemerkungen zur Chemie der fossilen Brennstoffe zu machen und vielleicht auch eine Anregung zu geben, wie man auf diesem Gebiet, möglicherweise allerdings mit einer sehr langwierigen Grundlagenforschung noch zu neuen Grunderkenntnissen und aus diesen zu einer nützlichen Anwendung kommen kann.

Aus naheliegenden Gründen sollen sich diese Bemerkungen noch einmal speziell an die Braunkohlen wenden. Von diesen wissen wir in mancher Beziehung wesentlich mehr als von den Steinkohlen, obwohl die Braunkohlenvorkommen und insbesondere ihre energetische Wertigkeit in keinem Verhältnis zur Steinkohle stehen. Dennoch sind die Braunkohlenvorkommen und voraussichtlich solche, die erst noch entdeckt werden, im Weltmaßstab so bedeutend, daß sie in zunehmendem Maße wieder einen sich weiterhin auch steigernden Faktor im Wirtschaftsleben vieler Völker bilden werden.

Wir wissen bei der Braunkohle ziemlich viel über ihre spezifischen Eigenschaften als hydrophiles, irreversibles trocknendes Xerogel und können auch heute mit ziemlicher Gewißheit sagen, daß diese besondere Eigenschaft der entscheidende Unterschied zwischen Braunkohlen und Steinkohlen ist. Wir wissen weiterhin, daß die akzessorischen Bestandteile der Pflanzengemeinschaften, als deren Relikte die Braunkohle anzusehen ist, sich an den biologischen Primärvorgängen sozusagen kaum beteiligt haben, eine hohe Indifferenz gegenüber der biologischen Konvertierung der primären Biomasse gezeigt haben und sich wegen eines andersartigen Verhaltens der übrigen Bestandteile der höheren Gefäßpflanzen in der Kohle bedeutend angereichert haben. Wir wissen weiterhin, daß in den biologischen primären Konvertierungsvorgängen im wesentlichen die Zellulose und die übrigen Holzpolyosen die Basis für den Energiestoffwechsel auch für den Zellenaufbau der daran beteiligten Mikroorganismen und Fungi gewesen sind. Wir wissen ferner, daß diese Vorgänge mit bedeutender Betonung aerober Abbauarten gleichzeitig auf den weiteren Gerüstanteil der höheren Gefäßpflanzen, nämlich das Lignin, einen oxydativen und dieses umfassend verändernden Einfluß genommen haben.

Demzufolge haben sich eine Reihe von Wegen herauskristallisiert, die einerseits unter Nutzung der irreversiblen Trocknungseigenschaften des Xerogels die wesentlichen energetisch wichtigen Faktoren, nämlich den Heizwert der Kohle anzuheben vermögen, die Brikettierungsfähigkeit bedingen und sie auf dem Gesamtgebiet der Energienutzung sozusagen nutzbar gemacht haben. Wir wissen weiterhin, daß eine thermische Zersetzung in einem hohen Umfang die stark angereicherten akzessorischen Bestandteile wandelt und daß hierbei die Huminstoffe im wesentlichen doch wohl nur aus dem Lignin entstanden, zwar mit thermisch zersetzt werden, Gase abspalten, auch wahrscheinlich niedere Kohlenwasserstoffe, daß aber der Charakter der Flüssigprodukte bei der thermischen Zersetzung im wesentlichen durch die Menge und den Charakter der akzessorischen Bestandteile der jeweiligen Pflanzengemeinschaften bedingt ist. Trotz allem ist dieser Zweig der Kohlennutzung eine bedeutende Technologie der Kohleverarbeitung geworden und man kann auch weiterhin dieser Art der Braunkohlennutzung eine dauernde Zukunft zuordnen, insbesondere wenn auf der einen Seite der Preis der Erdöle weiterhin anwächst, auf der anderen Seite deren absolute Menge sich schnell im Weltmaßstab verringern wird.

So wissen wir eigentlich nur über den Anteil der Braunkohlen, der nach Entfernung des Wassers, nach Extraktion der eigentlich nur durch Alterung und sekundäre geologische und geochemische Einflüsse gewandelten akzessorischen Bestandteile über die dann verbleibende Restkohle, den sogenannten Huminanteil, unverhältnismäßig wenig. Wir wissen, daß er thermisch nicht stabil ist, daß bereits bei niederen Temperaturen Dehydratationen und Decarboxylierungen einsetzen, daß hierbei eine weitere Vergrößerung der Molmasse symbat geht und daß dann letztlich ein chemischer Angriff auf eine solche makromolekulare Substanz eigentlich über die thermischen Wege, aber auch über eine alkalische Spaltung immer zu einer Fülle ungeordneter Spaltstücke führt, die meistenteils anteilig makromolekularen Charakter haben und demzufolge im Grunde genommen deren Umwandlung oder spezifische Nutzung für die Gewinnung von Chemikalien der organischen Chemie nach wie vor als unbefriedigend angesehen werden muß.

Wenn man sich nun einmal aber als Grundlage für eine erweiterte Hypothese oder Vorstellung darauf bezieht, daß das makromolekulare Lignin aus den Pflanzen, so verschieden es bei jeder Pflanzenart auch sein mag, der Ausgangspunkt für die Bildung der Primärsubstanzen bei der Konvertierung der Biomasse darstellt, so landet man bei den Modellen von Freudenberg oder von Enkvist und Moilanen und findet im Grunde genommen, daß die einzelnen

Grundbaubestandteile so attraktiv sind, daß eine gelenkte Aufteilung eines solchen Makromoleküls, die ja auch beim Lignin noch nicht gelungen ist, doch reizvoll wäre, um zu einer großen Variation insbedondere aromatischer Ausgangspunkte für organische Synthesen zu kommen. Was könnte man sich vorstellen, um hier eventuell tieferen Einblick zu gewinnen.

Ich habe schon gleich eingangs angemerkt, daß die Vorstellung, die ich hier einmal anbieten möchte, eine Grundlagenforschung von großer Breite und sicherlich auch sehr langwieriger Art mit kleinen Teilschritten und Teilerkenntnissen sein wird. Dennoch könnte ich mir sehr gut vorstellen, daß bei der wachsenden Bedeutung der Braunkohle im gesamten Stoffwirtschaftsgebiet diese noch einmal grundsätzliche Erkundung von großem Wert sein kann.

Ich mache hierbei eine gedankliche Anleihe bei den beträchtlichen Fortschritten der biologischen Forschung und der biologischen Technik, die uns heute, zumindest im Laboratorium, zur Verfügung steht und denke, daß man doch einmal folgendes in Gang setzen könnte.

Wir sind heute durchaus in der Lage, in laboratoriumsmäßigem Umfang sogar mit nicht allzu kleinem Mengeneinsatz die Prozesse nachzuahmen, die in der freien Natur beim Bruch höherer Gefäßpflanzen als sekundäre Vorgänge der Umwandlung einer Biomasse zu dem führen, was notwendigerweise als Ausgangsprodukt für die Bildung von Braunkohlen angesehen werden muß. Es stehen uns unterschiedliche Stämme der holzzerstörenden Pilze zur Verfügung, von denen wir wissen, daß ihr gesamter Stoffwechsel eigentlich nur von den Kohlehydraten besorgt wird und wir können einen solchen Prozeß im Laboratorium zumindest dadurch fördern, daß wir vorher die akzessorischen Bestandteile in der Pflanze, die anteilig bakterizide und fungizide Wirkung besitzen, extraktiv entfernen. Wir sind auch imstande, diese Prozesse so zu fördern, daß sie immerhin in Zeiträumen ablaufen, die experimentell einen solchen Abbauvorgang zu überwachen erlauben. FLEMMING hat vor nunmehr fast 25 Jahren in Dresden an der Technischen Universität sogar einmal die thermischen Bedingungen einer solchen Umwandlung untersucht und dabei feststellen können, daß es sehr charakteristische thermophile Fungi gibt, die imstande sind, eine Temperatur in einem quasi vermodernden Holzhaufen aufrecht zu erhalten, die mit 40 bis 45° Dauertemperatur des Holzhaufens beinahe ein biologischer Ofen sein kann.

Wenn man solche Versuche einmal als echte Bilanzversuche macht, dann dabei auch wirklich feststellen kann, wie sich die vorgegebenen Substanzen einerseits wieder umwandeln in eine neue Biomasse aus einem Pilzgeflecht oder aus Bakterienzellen, andererseits welche Spaltstücke entstehen und hierüber eine quantitative Übersicht gewinnt, dann kann man unter Zugrundelegung der oben genannten Ligninmodelle ja auch einigermaßen orten bzw. zumindest bilanzieren, wie weit Sauerstoff neu eingewandert ist und praktisch wieviel neue Carbonylgruppen unter Bildung anderer Oxydationsprodukte mit entstanden sind. Vor allem müßte sich wirklich einmal feststellen lassen, ob die Reste an

Zellulose, die man in manchen Braunkohlenvorkommen findet, nicht das sind, als was wir sie heute ansehen, nämlich als ein Fossil. Es müßten sich also auf diesem Wege, der sicherlich auch für die Forstwirtschaft manche nützlichen Erkenntnisse abzuwerfen vermag, erste neue Bilder, Hypothesen, Annahmen herauskristallisieren, die zumindest zu dem führen, was eine Vorstufe für die Bildung eines Xerogels mit irreversiblen Trocknungseigenschaften einerseits und umgekehrt aber auch für die weiteren Schicksale einer solchen Substanz bei milden äußeren Zwangsbedingungen andererseits darstellen. Hierbei könnte man dann sicherlich wiederum unter Zugrundelegung der alten Vorstellungen über die Lignine auch dahingehend neue gewinnen, indem man dem Tatbestand Rechnung trägt, daß wahrscheinlich über die verschiedenartigen Pflanzenfamilien andere Lignine entstehen und könnte also hier mit einer angemessenen Breite auch sehr unterschiedliche Hölzer, Gräser, ggf. auch Moose einmal einem solchen Abbauprozeß unterwerfen.

Man gewinnt auf jeden Fall eine neue Ausgangsbasis, die als zumindest eine Art Protosubstanz für die Braunkohle anzusehen ist und die chemisch sicher leichter zugänglich ist als die durch geologische Einwirkungen unterschiedlicher Art in ihren Molmassen noch einmal aufgesetzte oder stark vergrößerte Braunkohlenhuminsubstanz.

Daß heute die unterschiedlichsten Methoden der Spektroskopie aller Wellenlängen und der Diffraktometrie hiermit herangezogen werden können, um weitere Einblicke zu finden, um ggf. mit entsprechenden Präparationen aus Braunkohlen Vergleiche anzustellen, bedarf hier nur des allgemeinen Hinweises.

Sie sehen, ich versuche hierfür zu plädieren, daß man noch einmal versucht, an die Aufklärung und damit möglicherweise auch die Nutzung dieses beträchtlichen Anteils der Braunkohlen über eine kombinierte biologische und chemische Forschung heranzukommen. Das Recht dazu leite ich daraus ab, daß bisher so ziemlich alle Arbeiten und Vorstellungen über die Genese der Braunkohlen dadurch eine besondere Förderung erfahren haben, daß man hier mit den gleichen Prinzipien vorgegangen ist. Das gilt auch für die Steinkohle und das gilt sicher auch, wenn dort auch noch am wenigsten deutlich, für das Erdöl.

Wenn man also einmal versucht, einen solchen Weg zu beschreiten, dann könnte ich mir vorstellen, daß es zu bedeutenden neuen Erkenntnissen führt, die einerseits die Braunkohle vielleicht in noch ganz andere Richtung nutzbar macht, die aber, wenn das nicht der Fall sein sollte, ganz gewiß für die in Zukunft in der Bedeutung ständig wachsende Holzwirtschaft auch eine Fülle von nützlichen Erkenntnissen abwerfen könnten, die möglicherweise allein die sicher nicht unbeträchtlichen Aufwendungen, vor allem aber die aufzuwendende Zeit für eine solche Forschungsrichtung rechtfertigen könnten.

Ich bedanke mich sehr für Ihre Aufmerksamkeit und hoffe, daß ich in diesem Sinne vielleicht eher einen Dank abgestattet habe als wenn ich das nur mit den üblichen nüchternen Worten des Anerkennens der Leistungen gemacht hätte, die heute noch einmal gleichsam mir zu Ehren geboten wurden.

ISSN 0138—3956

FSC
www.fsc.org
MIX
Papier | Fördert
gute Waldnutzung
FSC® C083411

Zeitfracht Medien GmbH
Ferdinand-Jühlke-Straße 7
99095 Erfurt, Deutschland
produktsicherheit@kolibri360.de